U0340748

优秀技术工人
百工百法丛书

李祖锋工作法

抽水蓄能电站控制测量方案优化

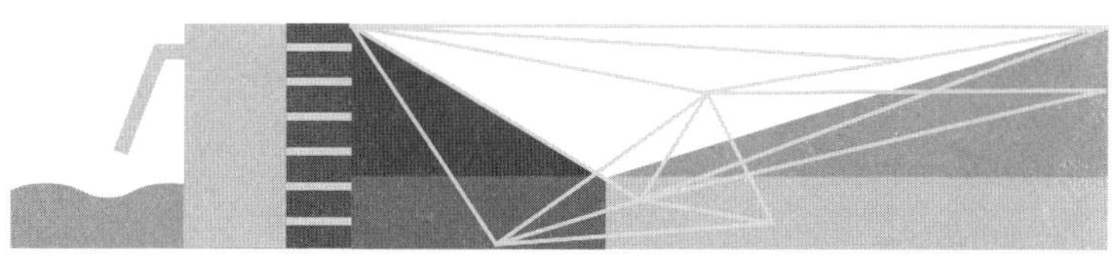

中华全国总工会 组织编写

李祖锋 著

中国工人出版社

技术工人队伍是支撑中国制造、中国创造的重要力量。我国工人阶级和广大劳动群众要大力弘扬劳模精神、劳动精神、工匠精神，适应当今世界科技革命和产业变革的需要，勤学苦练、深入钻研，勇于创新、敢为人先，不断提高技术技能水平，为推动高质量发展、实施制造强国战略、全面建设社会主义现代化国家贡献智慧和力量。

——习近平致首届大国工匠
创新交流大会的贺信

优秀技术工人百工百法丛书

编委会

优秀技术工人百工百法丛书

能源化学地质卷

编委会

序

党的二十大擘画了全面建设社会主义现代化国家、全面推进中华民族伟大复兴的宏伟蓝图。要把宏伟蓝图变成美好现实，根本上要靠包括工人阶级在内的全体人民的劳动、创造、奉献，高质量发展更离不开一支高素质的技术工人队伍。

党中央高度重视弘扬工匠精神和培养大国工匠。习近平总书记专门致信祝贺首届大国工匠创新交流大会，特别强调“技术工人队伍是支撑中国制造、中国创造的重要力量”，要求工人阶级和广大劳动群众要“适应当今世界科技革命和产业变革的需要，勤学苦练、深入钻研，勇于创新、敢为人先，不断提高技术技能水平”。这些亲切关怀和殷殷厚望，激励鼓舞着亿万职工群众弘扬劳模精神、劳动精神、工匠精神，奋进新征程、建功新时代。

近年来，全国各级工会认真学习贯彻习近平总书记关于工人阶级和工会工作的重要论述，特别是关于产业工人队伍建设改革的重要指示和致首届大国工匠创新交流大会贺信的精神，进一步加大工匠技能人才的培养选树力度，叫响做实大国工匠品牌，不断提高广大职工的技术技能水平。以大国工匠为代表的一大批杰出技术工人，聚焦重大战略、重大工程、重大项目、重点产业，通过生产实践和技术创新活动，总结出先进的技能技法，产生了巨大的经济效益和社会效益。

深化群众性技术创新活动，开展先进操作

法总结、命名和推广，是《新时期产业工人队伍建设改革方案》的主要举措。为落实全国总工会党组书记处的指示和要求，中国工人出版社和各全国产业工会、地方工会合作，精心推出“优秀技术工人百工百法丛书”，在全国范围内总结 100 种以工匠命名的解决生产一线现场问题的先进工作法，同时运用现代信息技术手段，同步生产视频课程、线上题库、工匠专区、元宇宙工匠创新工作室等数字知识产品。这是尊重技术工人首创精神的重要体现，是工会提高职工技能素质和创新能力的有力做法，必将带动各级工会先进操作法总结、命名和推广工作形成热潮。

此次入选“优秀技术工人百工百法丛书”作者群体的工匠人才，都是全国各行各业的杰出技术工人代表。他们总结自己的技能、技法和创新方法，著书立说、宣传推广，能让更多人看到技术工人创造的经济社会价值，带动更多产业工人积极提高自身技术技能水平，更好地助力高质量发展。中小微企业对工匠人才的孵化培育能力要弱于大型企业，对技术技能的渴求更为迫切。优秀技术工人工作法的出版，以及相关数字衍生知识服务产品的推广，将对中小微企业的技术进步与快速发展起到推动作用。

当前，产业转型正日趋加快，广大职工对于技术技能水平提升的需求日益迫切。为职工群众创造更多学习最新技术技能的机会和条件，传播普及高效解决生产一线现场问题的工法、技法和创新方法，充分发挥工匠人才的“传帮带”作用，工会组织责无旁贷。希望各地工会能够总结命名推广更多大国工匠和优秀技术工人的先进工作法，培养更多适应经济结构优化和产业转型升级需求的高技能人才，为加快建设一支知识型、技术型、创新型劳动者大军发挥重要作用。

中华全国总工会兼职副主席、大国工匠

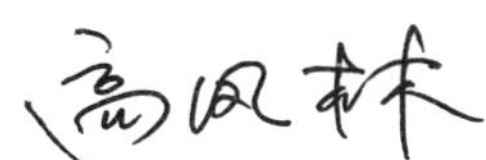

作者简介
About The Author

李祖锋

男，1981 年出生，中国电建集团西北勘测设计研究院有限公司李祖锋技能大师工作室、陕西省劳模工匠人才创新工作室负责人，工程测量高级技师、中国电建集团特级技师，测绘地理信息正高级工程师。兼任长安大学、河海大学、西北大学、南京信息工程大学、安徽理工大学博士、硕士研究生导师，中国测绘学会工程测量分会副主任委员。享受国务院政府特殊津贴，获“全国技术能手”“三秦工匠”“中国测绘学会青年科技创新人才奖”“陕西省五一劳动奖章”“中国专利奖优秀奖”“工程建设科学技术进步奖一等奖”“电力工匠”“电建工匠”“陕西省工人发明家”“陕西省产业工匠人才”“陕西省杰出青年岗位能手”“陕西省国资委青年突击手”等荣誉和称号。

李祖锋具备系统的精密工程测量和全面水电工程测量能力；发明了高山峡谷复杂环境工程测量与监测精度控制困难目标测量等多项精密工程测量技术；主创的“基于卫星遮挡边界约束条件进行基线共用卫星分析与精度估算方法”，首次提出了基于可见卫星边界条件的基线精度预报方法。沉降监测大气折射改正技术填补了单程沉降监测大气折射改正技术空白，突破了行业技术瓶颈，累计创造经济效益约 2.7 亿元。他长期扎根于西北边陲和青藏高原，从事野外工程测绘工作，主持完成的拉西瓦水电站（黄河最大水电站）、新疆阜康抽水蓄能电站等国家重点工程测绘项目的多项成果代表了同期同类型工程领域的领先水平。工作

24 年来，负责完成数十项国家重点工程测绘项目，其中 9 项工程项目分获省部级优秀工程勘测一、二等奖，参建项目获全国优秀工程勘察设计金奖、中国土木工程詹天佑奖等。主持项目成果获全国职工技术创新成果二等奖 1 项，中国专利奖 1 项，中国岩石力学与工程学会、中国大坝工程学会、甘肃省等省部级科技进步奖及工程奖一等奖 7 项、二等奖 16 项。出版技术专著 4 部，发表学术论文 55 篇，授权专利 25 件，编写行业及团体标准规范 11 部。主持全国职工创新补助资金项目、国家大坝工程技术中心开放基金项目等课题 10 项。

工/匠/寄/语

以坚韧探索之魂，共铸国家能源安全基石，热爱此世，便是致敬匠心！

李组锋

目　　录
Contents

引 言
Introduction

创新是推动新质生产力发展的重要途径。在迈向强国建设新的征途之际，我们需要始终保持对时代大考的清醒认识与坚定信念，积聚各方能量，全力攻克原创性和引领性的科技难题，以创新之力，推动我国由“能源消费大国”转型为“能源强国”，在全球能源格局中取得更大话语权和竞争优势，保证国家“30·60”双碳目标实现，保障国家能源安全。抽水蓄能电站对于构建以新能源为主体的新型电力系统，解决大规模清洁能源并网带来的挑战，发挥了无可替代的重要作用。

抽水蓄能电站精密工程控制测量工作，承载着为电站施工各个环节提供精准定位基准和安全保障监测体系构建的基石性任务，确保了工程从规划设计到施工建设全过程的精确执行与实时监控，对于电站建设具有不可或缺的基础支撑作用。随着抽水蓄能电站项目的不断推进，很多工程利用水头已超过400m，部分工程甚至已经超过800m，不断突破世界水能资源利用技术极限，由此给工程建设以及工程测量工作带来了极大的技术挑战，高山峡谷复杂环境精度控制、投影变形问题，已成为行业项目评审与学术会议的高频话题。要在高山峡谷与大高差场景实现高精度控制测量，就必须运用好方案优化、数据处理技术，以及保障控制网达到预期精度和可靠性。

本工作法主要阐述作者多年来在工程测

量技术攻坚过程中对于复杂场景控制网的优化设计方法和效果，以及在这一系列难题的解决过程中积累的有关创新心得和经验，供大家参考。

第一讲

测量基准网优化设计概述

施工测量控制网事关工程能否顺利进展，是科学、严肃、严谨的系统工程，稍有不慎就可能会带来重大损失。因此，在测量规划、技术设计、施测及数据处理环节都需要有谨慎严密的流程，在必要的情况下需要通过第三方观测数据来进行验证，如在小区域的工程中可通过精密边、角测量网对其可靠性、外符合精度等指标进行验证。而控制网技术设计是保证施工测量控制网运行质量的关键，其中优化设计工作是保证施工测量控制网精度、可靠性与经济性的关键（见图 1）。

一、施工测量控制网的质量准则与基于可靠性的优化设计思想

施工测量控制网的质量准则主要包括精度、可靠性和经济性。精度准则通常包括点位精度、相对点位精度（包括误差椭圆）、特征值及主元（或主分量）等指标。在实际应用中，只要计算

点位精度和相对点位精度就足够了。值得注意的是，点位精度与基准的位置有关。对于独立网来说，最好是将最靠近网的重心的点作为已知点，以通过该点的最接近中心线的方向作为起始方向，从而保证点位精度在数值上达到最小。实际上，应将相对点位精度或最弱边精度作为精度准则，因为它们是与基准位置无关的不变量。所以无论是独立网还是约束网，只有在相同的基准下进行精度比较才有意义。在模拟法优化设计中，应取先验单位数中误差计算各精度指标。

由观测值内部可靠性的性质可知，r_i 的总和反映了多余观测数，因此，在很大程度上也反映了建网费用，即 r 越大，建网费用越高。一个网必须有一定的多余观测数，多余观测数 r 越大，网的可靠性越好，但建网费用也越高。

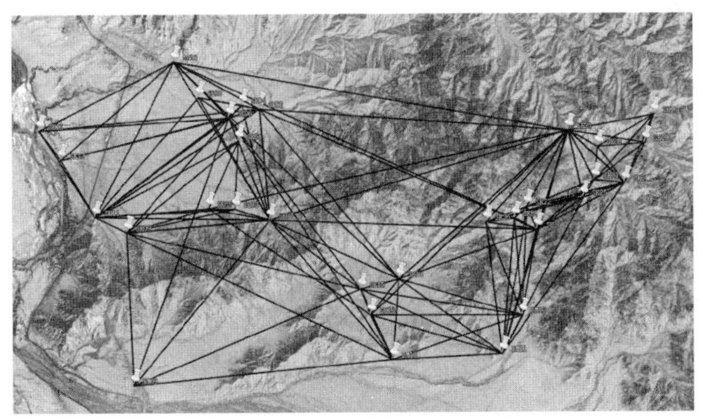

图 1 某抽水蓄能电站施工测量控制网布置示意图

二、GNSS 控制网优化设计

1. 优化设计基本内容

全球导航卫星系统（Global Navigation Satellite System，GNSS）技术具有高精度、全天候、无视线要求、高效便捷、广域覆盖、一体化大地高程测定和连续观测等显著优点，因而成为抽水蓄能电站平面控制网测量首选技术。

在 GNSS 控制网的优化阶段，利用 GNSS 控制网网形信息、点位坐标和仪器精度、星历预报等，对 GNSS 控制网的精度进行分析和评估。按照控制网布设方案评估理论设计效率、实际设计效率和总等指标；利用控制网的规模和重复设站率进行费用指标评估；利用控制网的独立基线总数和必要基线数评估多余基线，并计算出全网可靠性指标和精度效益指标；评估当前技术设计方案中各点位的精度状况，以及各条基线的边长精度、方位角精度、多余观测分量等信息。

根据 GNSS 定位的基本原理以及影响 GNSS 定位的因素分析，GNSS 控制网的质量主要取决于卫星与地面点的联合网形、最优的观测量、独立基线数与连接方式。因此，GNSS 控制网类似常规网的优化设计分类。GNSS 控制网网形结构的设计主要是指网的基线数与最优的连接方式。平差观测值的优化可以从两方面考虑：一方面是 GNSS 原始观测数据的优化、粗差剔除与系统误差的削弱、周跳的探测与修复、各种系统误差改正等；另一方面是基线网平差的优化处理（经过原始观测数据的优化与处理，获取了用于网平差的基线数据），基线中不可避免粗差的有效处理与观测精度不一致。

GNSS 控制网优化设计的目的，就是要使控制网具有较高的质量。衡量网质量的好坏，依据精度、可靠性与经济性 3 个质量准则。

2. 顾及峡谷效应的基准点布置准则

水电工程特征决定了其以高山、峡谷地区为主，在这些区域，由于环境边界约束条件的限制，限制了地面接收设备可接收的卫星数量，更重要的是无法按照现有方法准确地判定出测量点位准确的 *DOP* 值。在该研究中，就是基于 DEM 模型及卫星轨道参数解析地面测站在任意时刻的 *DOP* 值情况。

对于一个抽蓄电站项目，当测量计划及目标确定后，其控制点位置布置便基本确定，这个位置一般认为是不可调整的，然后其他工作均需基于这个条件进行，包括基准点位选择、观测方案的制订等。一般情况下，以变形控制点为基准，根据第二讲所讲的方法预报基线相对定位精度因子（$DOP_{\Delta X}$，$DOP_{\Delta Y}$，$DOP_{\Delta H}$）进行目标观测点的同步观测组合筛选，以控制网变形控制点作为基准位置（主要是对不利观测条件的点位进行统计分析），统计出不同观测时段的变形点相对于各个预选基准位置的 *DOP* 值情况，并根据筛选出的构网条件及观测时段对应的精度因子选取最优的 n 个点位，然后在这些点位中根据现场环境进行基准点位的选择，用于同步观测点位及观测时段的选择。

同步观测点位及观测时段的选择方法为支持观测计划的总体精度统计。选定观测计划后，给出多个时段所有基线共视卫星可见性和 *DOP* 值等统计信息。对不同时段、不同基线的精度信息进行汇总。按同一时段内 *DOP* 值的匹配度进行基线设定和组合，并对多个方案进行优选评估，得出优选方案（包括同步观测顺序、时段起止时间、基线信息），并以此为依据制订观测计划。

观测困难目标点位 DOP_d 的同步构网推荐，将观测困难目标点位与可构网的 n 个点位建立虚拟同步观测关系，形成各个基线的 *DOP* 值：

DOP_{d-1}，DOP_{d-2}，…，DOP_{d-i}，…，DOP_{d-n}。

对 DOP 值按照升序进行排序，根据仪器数量 R，依序截取 R 个点位作为最优的同步观测基线。

根据以上精度分析结果，并结合现场地形及交通条件，在人工干预下确定各个基准点位置布置，作为制订观测方案的参考。

3. GNSS 控制网的数据处理

在进行 GNSS 控制网数据处理时，要考虑的问题很多，主要有参考框架、星历、软件、参考基准、约束条件、精度分析方法等，而最重要的是参考基准的选择和约束条件的确定。对于需进行多期观测成果处理的 GNSS 控制网，在制定数据处理方案时，一般应遵循以下原则：

（1）采用一个恰当的地球参考框架

参考框架是 GNSS 数据处理的基础，在进行数据处理之前首先要确定采用什么参考框架。由于地球的岩石圈处在运动、变化之中，GNSS 控制网中各点的位置时刻都在变化。因此，采用的坐标框架必须是全球统一、不断精化的框架。目前，具有这些条件的参考框架只有国际地球参考系，即 ITRF 参考框架。在处理 GNSS 数据时，要尽量采用最新的 ITRF 参考系，并把过去处理的结果及时转换成最新的 ITRF 参考系中的结果。

（2）采用高精度的同一种精密星历

采用不同的精密星历，得到的处理结果会有一定的差异。为了便于分析研究，对于不同期的 GNSS 观测成果在处理时应采用同一种精密星历。

（3）采用先进的同一种处理软件系统

为了得到最好的处理结果，采用最先进的 GNSS 处理软件自不待言。为了保持处理结果的统一，对于不同期的 GNSS 观测结果，在处理时应采用同一种处理软件系统。

（4）采用统一的参考基准和约束条件

在处理 GNSS 控制网的观测数据时，有多种处理方案，不同的处理方案之间不可避免地存在着系统差。为了求各期观测成果所反映的变形值，必须采用统一的数据处理方案。

（5）控制网数据处理关键参数

数据处理时，应了解以下参数：①所采用的参考椭球；②坐标系的中央子午线经度；③纵横坐标加常数；④坐标系的投影面高程及测区平均高程异常值；⑤起算点的坐标值。

第二讲

高山峡谷区 GNSS 测量基准网设计

GNSS 测前方案规划主要包括技术方案的制订、测量设备的配备、星历预报、基准点与观测点点位的选择、控制网网形设计、同步观测时段设计、控制网精度指标的评估等。本工作法主要针对较广泛影响工程测量的因素，特别是水电工程测量工作中高山、峡谷等观测困难地区的测前规划方法开展研究。

在峡谷地区、重植被覆盖地区以及城市楼群环境下，GNSS 信号会受到不同程度的干扰，因而测量精度也受到较大限制，相对于平原及丘陵地带，在此类地区进行可接收卫星信号及精度信息的评估，就显得尤为重要。在中国电力建设集团有限公司广泛开展的水电测量工程中，一般需要在河谷、峡谷位置布设控制网，在此条件下，可接收卫星信号的卫星高度角偏大，同时河谷左、右两岸的测量控制点的对空窗口边界条件处于相反的方向，导致其左右岸同步观测共用卫星的数量显著减少，多余观测量显著减少，峡谷遮挡环境地形如图 2 所示。据此，高山峡谷地带 GNSS 控制网的高精度很难得到保证，有待于我们对此类问题进行系统研究。

针对星历预报及基于预报质量参数的测前精度评估，国内外尚未发现可靠的解决方案。例如，美国天宝公司的 TBC 软件提供了人工设定单点周边障碍物高度角的星历预报方法，但没有从控制网的角度考虑基线的精度情况，也没有考虑到卫星的空间位置和分布特征对控制网的影响，因此，无法提供顾及其基线精度指标的星历预报。另外，GNSS 测量精度受制于观测环境及导航系统实时提供的服务精度，而服务精度是一个与时空相关的动态相对精度指标，目前的优化评估难以较准确地量化这一指标。

本工作法利用 GNSS 卫星的预报星历，结合

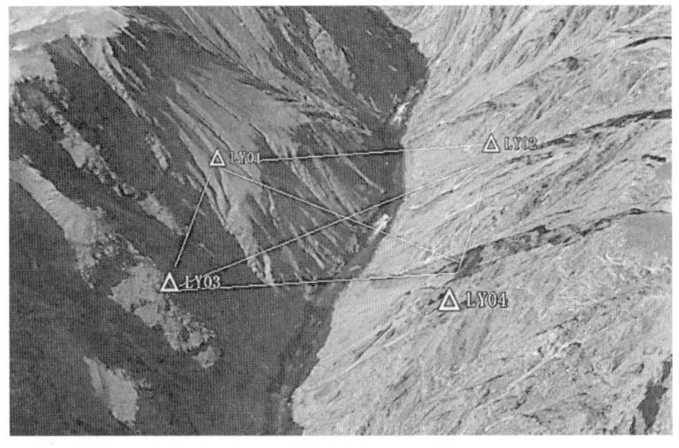

图 2　峡谷遮挡环境地形示意图

测站点的 GNSS 信号接收约束条件（障碍物），利用 SGP 模型对 GNSS 卫星的空间位置和分布特征进行预报，将卫星星座结构与卫星位置以图形交互的形式呈现给用户，直观地表现卫星星座的组成结构与运行状况，并按照用户指定的测站点，提供可见卫星数、卫星高度角、*DOP* 值等信息，为后续的 GNSS 控制网测前技术设计提供完备的数据支撑。

在 GNSS 控制网的测前设计阶段，利用 GNSS 网形、点位坐标和仪器精度、星历预报等信息，对 GNSS 控制网的精度进行分析和评估。按照控制网布设方案，评估理论设计效率、实际设计效率和总效率等指标；利用控制网的规模和重复设站率，进行费用指标的评估；利用控制网的独立基线总数和必要基线数，评估多余基线，并计算出全网可靠性指标和精度效益指标；评估当前技术设计方案中各点位的精度状况，以及各条基线的边长精度、方位角精度、多余观测分量精度等信息。

一、顾及可见卫星及同步观测条件的星历预报研究

1. 概述

GNSS 控制网测量的精度，受所采集数据准确性的影响，也与单位时间内所能接收到的卫星数量、卫星的空间分布状况、卫星信号的时长等因素有关。因此在进行测前方案规划时，通常需要对测区进行星历预报，通过预报星历提前获知未来一段时间内的卫星分布情况和几何精度因子（各种 *DOP* 值），根据这些信息估计出控制网整网的精度情况，再对 GNSS 测量网形和观测方案进行优化，以获取更准确的测量信息。

预报星历中，*DOP* 值确定过程中很重要的一步是卫星可见性的计算。现有的针对单测站的卫星可见性筛选，一般是通过设定一个固定的高

度角（如 10° 或者 15° ），以此作为卫星可见性的判断条件，但实际上由于障碍物的遮挡，如受高山峡谷、城市森林效应影响，与实际接收到的卫星信号观测量存有很大的差距。当截止高度角 *E* 为 30° 时，见到 4 颗及以上 GNSS 卫星的时间占全天的 90%；截止高度角 *E* 为 40° 时，见到 4 颗及以上 GNSS 卫星的时间占全天的 47%。在高山峡谷地区，经常会遇到大于 30° 的高度角遮挡，或者突出障碍物在某方位部分遮挡的情况，这就导致传统的可见性与 *DOP* 值的预报方法有很大的误差。

现有的多星座星历预报系统多未顾及测站遮挡条件，其 *DOP* 值估算结果存有较大偏差，因此有必要研究一种顾及遮挡条件的卫星可见性分析方法，估算出更加符合实际情况的 *DOP* 值，得到更加符合实际情况的星历预报结果。只有在此基础上，才能更精准地估算出控制网整网的精度状况，进而获得针对性更强的 GNSS 控制网网形和观测方案，从而解决峡谷地区和城市楼群环境下现有 GNSS 卫星可见性分析未顾及遮挡条件导致测前精度评估结果存有较大偏差的问题。

2. 目标点位遮挡高度角边界约束条件解算

针对测站点周边不同方位存在不同高度障碍物遮挡的问题，本工作法基于地形图、数字高程模型（DEM）或者具有高程属性的其他数字地理信息产品进行单测站卫星高度角的量测。此处采用了数字线画图和 DEM 模型进行量测。

首先，确定目标点坐标；其次，以目标点为中心自北方向开始顺时针每相隔一定角度（如 5°）量测一条断面（横断面距离根据实际情况确定），根据所量测出的断面特征点，计算出对应方向的最大遮挡角，重复量测各个方向，得到目标点各个方向对应的遮挡高度角。

量测出断面格式为：

$$D_i, H_i \tag{1}$$

式中，D_i 为断面特征点至目标点位的平面距离，H_i 为断面特征点高程。

设目标点共量测 n 个高度角，特征点的高度角 E_i^n 为：

$$E_i^n = \arctan\left(\frac{H_i - H_0}{D_i}\right) \tag{2}$$

H_0 为目标点高程，则目标点各个方向对应的遮挡高度角 E_i 为：

$$E_i = \max\left[E_i^n\right] \tag{3}$$

GNSS 高度角一般是以站心坐标形式表达的，在采用地形图及 DEM 模型数据进行高度角量测时，需要将其转换为站心坐标形式。

受地球曲率影响，当采用站心坐标的水平面代替水准面时，其对高差影响的计算公式如下：

$$\Delta H = \sqrt{(D^2 + R^2)} - R = \frac{S^2}{2R} \tag{4}$$

式中，D 为平距，R 为地球曲率半径，单位都是 km。

当 D 为 2km 及 3km 时，其对高差影响分别为 0.31m 及 0.71m。因此，在一般的高度角量测过程中可以忽略其影响，当有更高的要求时则需要考虑其影响，特征点的高度角 E_i^n 的计算公式变为：

$$E_i^n = \arctan\left(\frac{2RH_i - D_i^2 - 2RH_0}{2RD_i}\right) \tag{5}$$

依次便可量测出各个方向的高度角，由此便完成了单测站高度角量测。

单一测站量测出的高度角格式如下：

$$\begin{cases} \text{Point name} \\ A_1,\ E_1 \\ A_2,\ E_2 \\ \cdots \quad \cdots \\ A_i,\ E_i \\ \cdots \quad \cdots \\ A_n,\ E_n \end{cases} \tag{6}$$

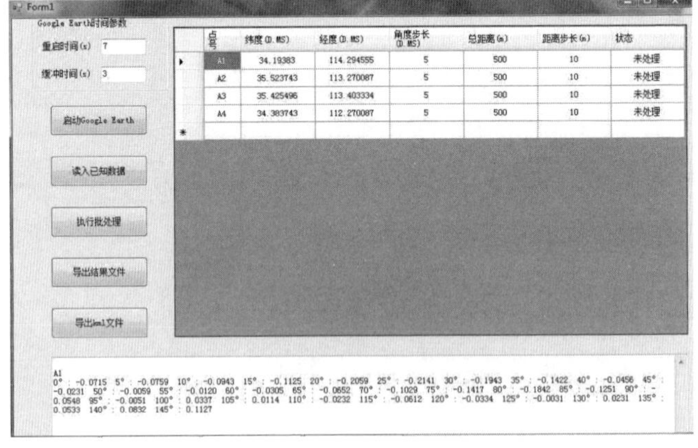

图 3 基于 Google Earth 的高度角量测程序

3. 解算卫星空间位置及坐标转换

根据所量测的目标点遮挡高度角，下载并解析最新的广播星历信息，广播星历下载与解析是 GNSS 星历预报与精度评估模块的基础，是卫星位置计算的前提条件。

GNSS 综合星历文件命名规则：

例：brdm3550.15p

前四位是名称“brdm”，接下来三位字符是年积日，最后一位是时段号（一般为 0），后缀名是代表年的数字和文件标识字符“p”（p 代表 GNSS 四系统综合星历）。

GNSS 综合星历文件格式如图 4 所示。

```
     3.02           NAVIGATION DATA     M (Mixed)           RINEX VERSION / TYPE
BCEmerge            congo               20160104 012902 GMT PGM / RUN BY / DATE
Merged GPS/GLO/GAL/BDS/QZS/SBAS navigation file             COMMENT
based on CONGO and MGEX tracking data                       COMMENT
DLR: O. Montenbruck;  TUM: P. Steigenberger                 COMMENT
GAUT -4.6566128731e-09 2.664535259e-15 518400 1877          TIME SYSTEM CORR
GLGP -3.2596290112e-08 0.000000000e+00 518400 1877          TIME SYSTEM CORR
GLUT -2.9336661100e-08 0.000000000e+00 518400 1877          TIME SYSTEM CORR
GPGA -2.3865140975e-09 4.884981308e-15 518400 1877          TIME SYSTEM CORR
GPUT  2.7939677238e-09 6.217248938e-15 233472 1878          TIME SYSTEM CORR
QZUT  2.6077032089e-08 1.776356839e-15 237568 1878          TIME SYSTEM CORR
    17                                                      LEAP SECONDS
                                                            END OF HEADER
G01 2016 01 03 02 00 00 8.183065801859e-06 9.094947017729e-13 0.000000000000e+00
     8.800000000000e+01-2.990625000000e+01 4.528045754138e-09-2.176339161970e+00
    -1.505017280579e-06 4.935623146594e-03 6.482005119324e-06 5.153653230667e+03
     7.200000000000e+03 1.862645149231e-09 3.486810441022e-01-5.215406417847e-08
     9.636822386048e-01 2.566875000000e+02 4.856079439086e-01-8.034977546209e-09
     9.214669542259e-11 1.000000000000e+00 1.878000000000e+03 0.000000000000e+00
     2.000000000000e+00 0.000000000000e+00 5.122274160385e-09 8.800000000000e+01
     0.000000000000e+00 4.000000000000e+00
G01 2016 01 03 04 00 00 8.189585059881e-06 9.094947017729e-13 0.000000000000e+00
     8.900000000000e+01-2.721875000000e+01 4.595548565901e-09-1.126241953047e+00
    -1.436099410057e-06 4.935640143231e-03 6.403774023056e-06 5.153652330399e+03
     1.440000000000e+04 1.359730958939e-07 3.486235499588e-01-4.470348358154e-08
     9.636824873009e-01 2.588437500000e+02 4.857043502100e-01-8.097480149694e-09
     5.357366012941e-12 1.000000000000e+00 1.878000000000e+03 0.000000000000e+00
     2.000000000000e+00 0.000000000000e+00 5.122274160385e-09 8.900000000000e+01
     7.200000000000e+03 4.000000000000e+00
```

图 4　GNSS 综合星历文件格式

综合星历中各参数及其含义见表 1。

表 1　综合星历中各参数及其含义

t_{oe}	参考历元	t_o	参考时刻的轨道倾角
M_0	参考时刻的平近点角	ω_s	近地点角距
e_s	轨道偏心率	$\dot{\Omega}$	升交点赤经变化率
$\sqrt{a_s}$	轨道长半径的平方根	i	轨道倾角变化率
Ω_0	参考时刻的升交点赤经	Δ_n	由精密星历计算得到的卫星平均角速度与按给定参数计算所得的平均角速度之差

通过计算卫星运动的平均角速度、观测时刻卫星的平均点角、偏近点角、真近点角、升交角距、摄动改正项，进而计算卫星在轨道面坐标系中的位置，最后通过坐标转换，获得卫星在瞬时地球坐标系中的位置以及在协议地球坐标系中的位置。实现的技术路线如下：

（1）计算卫星运动的平均角速度 n

首先，根据广播星历中给出的参数$\sqrt{A}$计算出参考时刻 t_{oe} 的平均角速度 n_0：

$$n_0 = \frac{\sqrt{GM}}{(\sqrt{A})^3} \tag{7}$$

式中，G 为万有引力常数，M 为地球总质量，乘积为 $GM = 3.986005 \times 10^{14}\,\mathrm{m}^3/\mathrm{s}^2$。

其次，根据广播星历摄动参数 Δn 计算观测时刻卫星的平均角速度 n：

$$n = n_0 + \Delta n \tag{8}$$

（2）计算观测时刻卫星的平均点角 M

$$M = M_0 + n(t - t_{oe}) \tag{9}$$

式中，M_0 为参考时刻 t_{oe} 时的平均点角，由广播星历给出。

（3）计算偏近点角 E

用弧度表示的开普勒方程为：

$$E = M + e\sin E \tag{10}$$

用角度表示的开普勒方程为：

$$E^\circ = M^\circ + \rho^\circ \cdot e\sin E^\circ \tag{11}$$

解上述方程可用迭代法或微分改正法。

（4）计算真近点角 f

$$\begin{cases} \cos f = \dfrac{\cos E - e}{1 - e\cos E} \\ \sin f = \dfrac{\sqrt{1-e^2}\sin E}{1 - e\cos E} \end{cases} \tag{12}$$

式中，e 为卫星轨道的偏心率，由广播星历给出。故有：

$$f = \arctan \frac{\sqrt{1-e^2}\sin E}{\cos E - e} \tag{13}$$

（5）计算升交角距 u'

$$u' = \omega + f \tag{14}$$

式中，ω 为近地点角距，由广播星历给出。

（6）计算摄动改正项 δ_u、δ_r、δ_i

广播星历中给出了下列 6 个摄动参数：C_{uc}，C_{us}，C_{rc}，C_{rs}，C_{ic}，C_{is}。据此可求出由于 J_2 项而引起的升交角距 u 的摄动改正项 δ_u、卫星矢距 r 的摄动改正项 δ_r 和卫星倾角 i 的摄动改正项 δ_i。计算公式如下：

$$\begin{cases}\delta_u = C_{uc}\cos 2u' + C_{us}\sin 2u' \\ \delta_r = C_{rc}\cos 2u' + C_{rs}\sin 2u' \\ \delta_i = C_{ic}\cos 2u' + C_{is}\sin 2u'\end{cases} \quad (15)$$

（7）对 μ'、r'、i_0 进行摄动改正

$$\begin{cases}u = u' + \delta_u \\ r = r' + \delta_r = a(1 - e\cos E) + \delta_r \\ i = i_0 + \delta_i + \dfrac{d_i}{d_t}(t - t_{oe})\end{cases} \quad (16)$$

式中，a 为卫星轨道的长半径，$a = (\sqrt{A})^2$，$\sqrt{A}$ 由广播星历给出；i_0 为 t_{oe} 时刻的轨道倾角，由广播星历中的开普勒六参数给出；$\dfrac{\mathrm{d}_i}{\mathrm{d}_t}$ 为 i 的变化率，由广播星历中的摄动九参数给出。

（8）计算卫星在轨道平面坐标系中的位置

在轨道平面直角坐标系中（坐标原点位于地心，x 轴指向升交点），卫星的平面直角坐标为：

$$\begin{cases}x = r\cos u \\ y = r\cos u\end{cases} \quad (17)$$

（9）计算观测瞬间升交点的经度 L

若参考时刻 t_{oe} 时升交点的赤经为 Ωt_{oe}，升交点对时间的变化率为 $\dot{\Omega}$，那么观测瞬间 t 的升交点赤经 Ω 应为：

$$\Omega = \Omega t_{oe} + \dot{\Omega}(t - t_{oe}) \tag{18}$$

$\dot{\Omega}$ 可从广播星历的摄动参数中给出。

设本周开始时刻（星期日 0 时）格林尼治恒星时为 $GAST_{week}$，则观测瞬间的格林尼治恒星时为：

$$GAST = GAST_{week} + \omega_e t \tag{19}$$

式中：ω_e 为地球自转角速度，其值为 $\omega_e = 7.292115 \times 10^{-5}$ rad / s；t 为本周内的时间，s。这样就可以求得观测瞬间升交点的经度 L 为：

$$L = \Omega - GAST = \Omega_{t_{oe}} - GAST_{week} + \dot{\Omega}(t - t_{oe}) - \omega_e t \tag{20}$$

令 $\Omega_0 = \Omega_{t_{oe}} - GAST_{week}$，则有：

$$L = \Omega_0 + \dot{\Omega}(t - t_{oe}) - \omega_e t = \Omega_0 + (\dot{\Omega} - \omega_e)t - \dot{\Omega} t_{oe} \tag{21}$$

（10）计算卫星在瞬时地球坐标系中的位置

已知升交点的大地经度 L 以及轨道平面的倾

角 i 后，就可通过两次旋转，方便地求得卫星在地球坐标系中的位置：

$$\begin{pmatrix} X \\ Y \\ Z \end{pmatrix} = R_Z(-L)R_X(-i)\begin{pmatrix} x \\ y \\ z \end{pmatrix} = \begin{pmatrix} x\cos L - y\cos i\sin L \\ x\sin L + y\cos i\sin L \\ y\sin L \end{pmatrix} \tag{22}$$

（11）计算卫星在协议地球坐标系中的位置。

观测瞬间卫星在协议地球坐标系中的位置为：

$$\begin{pmatrix} x \\ y \\ z \end{pmatrix} = R_Y(-x_p)R_X(-y_p)\begin{pmatrix} X \\ Y \\ Z \end{pmatrix} = \begin{pmatrix} 1 & 0 & x_p \\ 0 & 1 & -y_p \\ x_p & y_p & 1 \end{pmatrix}\begin{pmatrix} X \\ Y \\ Z \end{pmatrix} \tag{23}$$

通过卫星空间位置解算与坐标换算，可以预报未来一段时间内卫星的轨道位置。

4. 顾及边界约束条件的卫星过滤

根据卫星历书及所量测的测站卫星高度角文件进行单测站的卫星可见数、可见性及 *DOP* 值分析预报。

将所计算的卫星在协议地球坐标系中的地心坐标换算成以测站为原点的站心坐标系，进而求得卫星的高度角和方位角，其他系统卫星的高度角和方位角的计算方法与之类似。在获得卫星的高度角和方位角之后，根据障碍物的遮挡情况，以及目标点的坐标高程信息，可以获得目标点位可见卫星情况。结合量测的测站遮挡高度角信息，即可实现对障碍物所遮挡卫星的过滤，实现可见卫星的筛选。计算过程如下：

（1）卫星高度角和方位角的计算

卫星在站心直角坐标系的坐标为：

$$\begin{Bmatrix} X_{\mathrm{R}}^{\mathrm{S}} \\ Y_{\mathrm{R}}^{\mathrm{S}} \\ Z_{\mathrm{R}}^{\mathrm{S}} \end{Bmatrix} = H \begin{Bmatrix} \Delta X_{\mathrm{RS}} \\ \Delta Y_{\mathrm{RS}} \\ \Delta Z_{\mathrm{RS}} \end{Bmatrix} \tag{24}$$

式中，

$$\begin{Bmatrix} \Delta X_{\mathrm{RS}} \\ \Delta Y_{\mathrm{RS}} \\ \Delta Z_{\mathrm{RS}} \end{Bmatrix} = \begin{Bmatrix} X_{\mathrm{S}} \\ Y_{\mathrm{S}} \\ Z_{\mathrm{S}} \end{Bmatrix} - \begin{Bmatrix} X_{\mathrm{R}} \\ Y_{\mathrm{R}} \\ Z_{\mathrm{R}} \end{Bmatrix}$$

$[X_R\ Y_R\ Z_R]^T$ 为测站空间坐标。

$$H=\begin{bmatrix} -\sin B\cos L & -\sin B\sin L & \cos B \\ -\sin L & \cos L & 0 \\ \cos B\cos L & \cos B\sin L & \sin B \end{bmatrix} \quad (25)$$

式中，L 和 B 分别是测站大地经、纬度。

卫星对应的高度角 e 为：

$$\mathrm{e}=\arctan\frac{Z_R^S}{\sqrt{(X_R^S)^2+(Y_R^S)^2}} \quad (26)$$

卫星对应的方位角 A 为：

$$\begin{pmatrix} m \\ n \end{pmatrix}=\begin{pmatrix} -\sin B\cos L & \sin B\sin L & \cos B \\ -\sin L & \cos L & 0 \end{pmatrix}\begin{pmatrix} \Delta X_{RS} \\ \Delta Y_{RS} \\ \Delta Z_{RS} \end{pmatrix} \quad (27)$$

$$A=\arctan\frac{n}{m} \quad (28)$$

（2）可见卫星的筛选

根据（1）中的高度角遮挡信息，已知两个相邻遮挡高度角为：

$$(A_{i-1}, E_{i-1}), (A_{i+1}, E_{i+1}) \quad (29)$$

通过线性插值求解此处的遮挡高度角：

$$E=aA+b \quad (30)$$

将 (A_{i-1}, E_{i-1})，(A_{i+1}, E_{i+1}) 代入式（30）便可求出参数 a，b。将指定时刻的卫星方位角 A_i 代入式（29），求出对应方向的高度遮挡角为：

$$E_i = aA_i + b \tag{31}$$

比较此处卫星的高度角 e 和遮挡高度角 E_i，判断卫星是否可见，卫星可见的判别式：

$$e > E_i \tag{32}$$

若 $e > E_i$，则说明该卫星可见，保留该卫星；否则，则剔除该卫星。

对于近似线形变化的遮挡条件，高度角插值可采用 i（设定遮挡高度角数量为 n，$i \leqslant n$）个点线形拟合出待定点高度角：

$$E = a_0 + a_1A + a_2A^2 + \cdots + a_nA^n \tag{33}$$

由此对障碍物所遮挡卫星条件逐个进行过滤，判定出卫星可见性。

5. 顾及卫星边界约束条件的 *DOP* 值估算

基于上述顾及障碍物遮挡条件下的卫星可见

性分析方法，进一步计算几何精度因子 *DOP* 值，便可以得到顾及障碍物遮挡条件下的星历预报信息。具体按照以下步骤实施：

以上述卫星可见性方法分析得到的卫星组的状态矩阵为依据，采用方向余弦法计算 *DOP* 值，即利用卫星星座的方向进行余弦计算。所计算的 *DOP* 值包括 *GDOP*、*PDOP*、*HDOP*、*VDOP* 和 *TDOP* 值。

技术路线如下：

点位观测精度评估子模块技术路线利用测站坐标和卫星坐标，通过对可视卫星和测站间 *DOP* 值的计算来获得点位观测精度信息。

在 GNSS 导航和定位中，定义所谓几何精度因子 *DOP* 值，以此作为衡量卫星空间几何分布对定位精度影响的标准。当考虑到钟差精度影响时，未知参数的协因数阵为：

$$Q_{T_i}=\begin{bmatrix} q_{11} & q_{12} & q_{13} & q_{14} \\ q_{21} & q_{22} & q_{23} & q_{24} \\ q_{31} & q_{32} & q_{33} & q_{34} \\ q_{41} & q_{42} & q_{43} & q_{44} \end{bmatrix} \tag{34}$$

式中各个元素反映出特定的卫星空间几何分布下的精度信息。

（1）钟差精度因子 *TDOP*。定义

$$TDOP=\sqrt{q_{44}} \tag{35}$$

则相应的钟差中误差为：

$$m_T=\sigma_0\cdot PDOP \tag{36}$$

（2）三维位置精度因子 *PDOP*。定义

$$PDOP=\sqrt{q_{11}+q_{22}+q_{33}} \tag{37}$$

则相应的三维位置中误差为：

$$m_{\mathrm{P}}=\sigma_0\cdot PDOP \tag{38}$$

（3）时间位置精度因子 *GDOP*

综合 *TDOP* 和 *PDOP*，可定义反映卫星空间分布对接收机钟差和位置综合影响的精度因子：

$$GDOP=\sqrt{q_{11}+q_{22}+q_{33}+q_{44}} \tag{39}$$

由此，相应的时空精度中误差为：

$$m_G=\sigma_0 \cdot GDOP \tag{40}$$

（4）垂直分量精度因子 *VDOP*。定义

$$VDOP=\sqrt{q_{33}} \tag{41}$$

反映卫星空间几何分布对接收机位置垂直分量的影响，相应的垂直分量中误差为：

$$m_{\mathrm{V}}=\sigma_0 \cdot VDOP \tag{42}$$

VDOP 的另一种定义称为高程精度因子：

$$VDOP=\sqrt{r \cdot q / |r|} \tag{43}$$

式中，$r=\{x, y, z\}$，为测站概略位置向量；$q=\{q_{11}, q_{22}, q_{33}\}$，为三维精度因子向量。

（5）水平分量精度因子 *HDOP*。定义

$$HDOP=\sqrt{PDOP^2-VDOP^2} \tag{44}$$

至此即可获得顾及卫星遮挡条件的星历预报信息。

本方法适于在高山峡谷及城市楼群等观测困

难地区进行的 GNSS 观测星历预报，辅助作业人员制订观测方案及观测调度计划，并估算出与实际卫星接收状况高度相吻合的精度指标，进而解决传统星历预报结果与实际观测条件不符的问题（见图 5）。

6. 控制网同步观测基线的筛选

处于高山峡谷、城市楼群或重植被覆盖地区的控制网点，由于受复杂障碍物遮挡，很难保证观测质量。为了解决这一问题，有必要研究在指定时段与哪个控制点可构成较理想的基线的问题，或当基线确定后在哪个观测时段可获得良好观测结果的问题。在本工作法的算法设计中，基于这一思路重点研究了控制点最优观测基线的筛选问题，其基本思路是：解算指定控制点与潜在同步观测控制点基线的共用卫星情况，并据此评估精度，然后对相关基线进行统计排序，在潜在的控制点中筛选出 $n-1$（n 为观测仪器数）个控

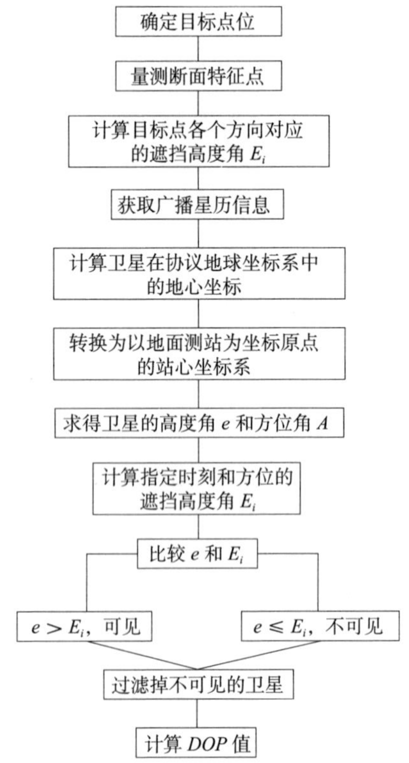

图 5　顾及卫星边界约束条件的 *DOP* 值估算流程图

制点，与该点在指定时段进行同步观测。

现给出一个控制点筛选过程中的 *DOP* 值排序图（见图 6）：

根据指定的观测时段，可以在图中找到最有利的观测组合，再综合考虑网形及交通情况，从而建立有利的观测组合。

二、基于可见卫星的基线精度评估、方案规划及控制网优化

1. 现有 GNSS 测量控制网精度评估方法所存在的问题

目前，GNSS 控制网精度的估算方法较多，最为普遍的方法为模拟法，其通过控制网点的概略坐标模拟出观测量及观测值协方差，并选用适合的精度估算模型，这个方法在实践过程中派生出了多种方法。但无论哪种估算方法，均没有顾及各个控制点的实际卫星信号接收情况，也没有

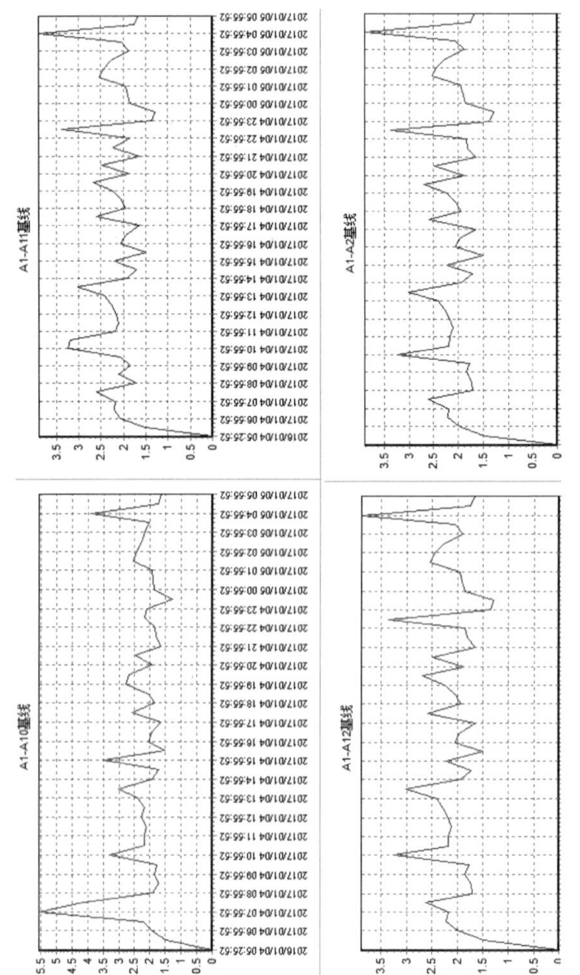

图 6　A1 点拟同步观测基线筛选

顾及基线的实际共用卫星情况，其评估出的精度与实际情况存在一定差异，特别是在高山峡谷地区及城市楼群环境下，这种状况尤为严重。

另外，GNSS 控制网测量所能达到的精度，受观测时段内所能接收到的卫星数量、卫星分布状况、观测时段长度等因素的影响。在测前方案规划阶段，上述因素直接影响着星历预报的准确性。在高山峡谷地区，经常会遇到大于 30° 的高度角遮挡的情况，这就导致对卫星可见性的预报和对精度因子的估算存在很大的误差，将直接影响 GNSS 控制网测量精度的估计，妨碍了准确有效的观测调度计划的制订。

2. 基线相对定位精度因子值估算

在所确定的顾及卫星遮挡条件的卫星可见性分析的基础上，获得了更准确的星历预报，引入基线相对定位精度因子后，便可以估算出更准确的控制网精度，大大提高了控制网测前设计方案的针对性。基线相对定位精度因子 *RDOP* 值估算在误差方程中是根据相对定位模型解算的。其 *RDOP* 值仍然是误差方程的协因数阵。通过模拟出的数据，建立双差观测方程及误差方程，以近似估算基线解算精度，并进行基线的共用卫星统计。根据筛选后的可见卫星情况，进行 *RDOP* 值的估计，通过共用卫星情况，建立双差观测方程及误差方程，根据待定参数协因数阵确定相对定位精度因子。

基线两端点为 A（x_1，y_1，z_1），B（x_2，y_2，z_2），各测站载波相位观测量为ϕ_i^j（t_1）：

观测量的双差结果为：

$$\nabla\Delta\phi^k(t)=\left[\phi_2^k(t)-\phi_1^k(t)\right]-\left[\phi_2^j(t)-\phi_1^j(t)\right] \quad (45)$$

其测相伪距观测方程为：

$$\lambda\phi_i^j(t)=\rho_i^j(t)+c\left[\delta t_i(t)-\delta t^j(t)\right]-\lambda N_i^j(t_0)+\Delta_{i,Ip}^j(t)+\Delta_{i,T}^j(t) \quad (46)$$

对于观测方程为：

$$\lambda\phi_i^j(t)=\rho_i^j(t)+c\delta t_i^j-\lambda N_i^j(t_0)+\Delta I_i^j(t)+\Delta T_i^j(t) \quad (47)$$

式中，$\Delta I_i^j(t)$ 和 $\Delta T_i^j(t)$ 分别为电离层和对流层误差，$\rho_i^j(t)$ 为非线性项，表示测站与卫星间的几何距离。线性化的载波观测方程为：

$$\lambda\phi_i^j(t)=(\rho_i^j(t))_0-k_i^j(t)X_i-l_i^j(t)Y_i-m_i^j(t)\delta Z_i+c\,\delta t_i^j-\lambda N_i^j(t_0)+\Delta I_i^j(t)+\Delta T_i^j(t) \tag{48}$$

式中：

$$k_i^j(t)=\frac{1}{(\rho_i^j(t))_0}(X^j(t)-X_i^0)$$

$$l_i^j(t)=\frac{1}{(\rho_i^j(t))_0}(Y^j(t)-Y_i^0)$$

$$m_i^j(t)=\frac{1}{(\rho_i^j(t))_0}(Z^j(t)-Z_i^0)$$

伪距观测方程为：

$$P^j(t)=(\rho^j(t))_0-k^j(t)X-l^j(t)Y-m^j(t)\delta Z+c\delta t^j+\Delta I^j(t)+\Delta T^j(t) \tag{49}$$

其双差观测方程为：

$$\begin{aligned}&(P_2^j(t)-P_1^j(t))-(P_2^i(t)-P_1^i(t))=-((k_2^j(t)-k_1^j(t))-(k_2^i(t)-k_1^i(t)))\delta X-\\&((l_2^j(t)-l_1^j(t))-(l_2^i(t)-l_1^i(t)))\delta Y-((m_2^j(t)-m_1^j(t))-(m_2^i(t)-m_1^i(t)))\delta Z+\\&(((\rho_2^j(t))_0-(\rho_1^j(t))_0)-((\rho_2^i(t))_0-(\rho_1^i(t))_0))\end{aligned} \tag{50}$$

观测方程：

$$V=AX+L \tag{51}$$

其中：

$$V=\begin{bmatrix}(P_2^j(t)-P_1^j(t))-(P_2^i(t)-P_1^i(t))-(((\rho_2^j(t))_0-(\rho_1^j(t))_0)-((\rho_2^i(t))_0-(\rho_1^i(t))_0))\\ \vdots \\ (P_n^j(t)-P_1^j(t))-(P_n^i(t)-P_1^i(t))-(((\rho_n^j(t))_0-(\rho_1^j(t))_0)-((\rho_n^i(t))_0-(\rho_1^i(t))_0))\end{bmatrix}$$

$$A=\begin{bmatrix}-((k_2^j(t)-k_1^j(t))-(k_2^i(t)-k_1^i(t))) & -((l_2^j(t)-l_1^j(t))-(l_2^i(t)-l_1^i(t))) & -((m_2^j(t)-m_1^j(t))-(m_2^i(t)-m_1^i(t)))\\ \vdots & \vdots & \vdots \\ -((k_n^j(t)-k_1^j(t))-(k_n^i(t)-k_1^i(t))) & -((l_n^j(t)-l_1^j(t))-(l_n^i(t)-l_1^i(t))) & -((m_n^j(t)-m_1^j(t))-(m_n^i(t)-m_1^i(t)))\end{bmatrix}$$

由 $Q=(A^{\mathrm{T}}PA)^{-1}$，可得 $RDOP$ 值：

$$RDOP=[\mathrm{tr}(Q)]^{\frac{1}{2}} \tag{52}$$

依 Q 对角阵便可确定出基线相对定位精度因子 $RDOP$，并将基线向量精度因子分解为（$RDOP_{\Delta X}$，$RDOP_{\Delta Y}$，$RDOP_{\Delta H}$）的形式。

至此，可根据所布置控制网概略坐标及控制网边长连接情况，以及观测时段计划，确定出所有基线两点共用卫星可见性及 $RDOP$ 值。

另外，根据研究可知，当基线共用卫星与其端点可视卫星一致时，单点 DOP 值与基线 $RDOP$ 值趋势一致。

从图 7 可以看出，其 $PDOP$ 与 $RDOP$ 值结果趋势一致，两者的变化率也高度一致，因此可以通过基线共用卫星情况评估基线 *DOP* 值，并据此估计出基线的 *RDOP* 值。两种评估方法结果是一致的。其关键点是都需要首先对控制点卫星可见性进行评估分析。

3. 基于基线相对定位精度因子 *RDOP* 的观测方案规划

根据计算出的基线相对定位精度因子（$DOP_{\Delta X}$，$DOP_{\Delta Y}$，$DOP_{\Delta H}$）进行目标观测点的同步观测组合筛选，统计出不同观测时段的各条基线 *DOP* 值情况，并根据筛选出的构网条件及观测时段对应的精度因子进行同步环观测精度估算，用于同步观测点位及观测时段的选择。

其中，同步观测点位及观测时段的选择方法为：

选定观测计划后，给出多个时段所有基线共视卫星可见性和 *DOP* 值等统计信息。对不同时段、不同基线的精度信息进行汇总。

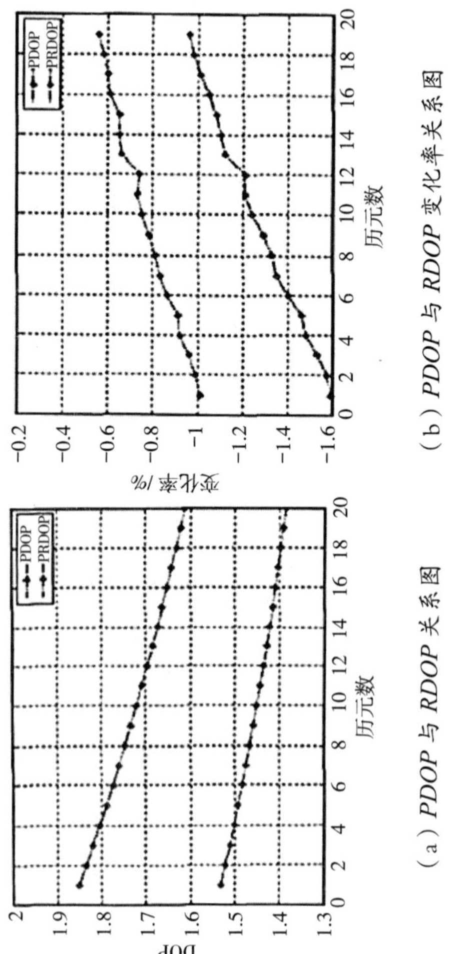

（a）*PDOP* 与 *RDOP* 关系图

（b）*PDOP* 与 *RDOP* 变化率关系图

图 7 *PDOP* 与 *RDOP* 及变化率关系图

按同一时段内 *DOP* 值的匹配度进行基线设定和组合，并对多个方案进行优选评估，给出优选方案（包括同步观测顺序、时段起止时间、基线信息），并以此为依据制订观测计划。

观测困难目标点位 DOP_d 的同步构网推荐，将观测困难点位与可构网的 n 个点位建立虚拟同步观测关系，形成各个基线的 *DOP* 值：

$$DOP_{d-1}，DOP_{d-2}，\cdots，DOP_{d-i}，\cdots，DOP_{d-n}$$

对 *DOP* 值按照升序进行排序，根据仪器数量 R，依序截取 R 个点位作为最优的同步观测基线。

根据以上精度分析结果，结合现场地形及交通条件，可以在人工干预下确定各个同步观测时段的测量控制点。

4. 基于预报精度的控制网精度评估方法[①]

根据上述所确定的多个同步环进行组网，便

---

① 参照《GNSS 工程控制测量技术与应用》，中国水利水电出版社 2017 年 12 月版。

可以进行估算控制网的精度。精度评估方法采用一般常见的基线向量的方差阵估算法。由于在 *RDOP* 值估算中提供的是相对定位精度因子指标，据此所估算的点位精度指标 δ_R 是无量纲的相对精度，因此在这里基于《GNSS 工程控制测量技术与应用》第三章中所述方法所确定的 *RDOP* 值，修正由仪器标称精度确定的方差值。具体做法如下：

设定仪器标称精度为 $a+b$ppm，基线长度为 D，则基线中误差可表示为：

$$m_i = K\sqrt{a^2 + (b \times D_i)^2} \tag{53}$$

式中，K_i 为修正系数，其根据评估 *RDOP* 值及经验系数 $K_{\exp}$ 确定。

$$K_i = f(k_{\exp}, RDOP_i) \tag{54}$$

经验系数 $K_{\exp}$ 及模型选择，可通过历史数据试算确定，在这里可取 $k_{\exp}$ 与 *RDOP* 相乘。

则平差定权为：

$$P_i=\frac{\delta_0^2 \cdot n}{K_i^2\left[a^2+(b.D_i)^2\right]} \tag{55}$$

式中：δ_0为单位权中误差；n为基线重复测量次数。

至此确定出各条基线方差阵及权阵，然后进行控制网精度估算。该方法基于评估出的相对定位精度因子，与现有方法相比，精度评估更接近于真实情况，在具体项目中进行实际测试，其评估精度与实测精度更加吻合，尤其是在进行困难地区控制网布网优化时具有明显优势。

基于卫星高度角边界约束条件的控制网精度估算具有如下特点：

（1）通过 *RDOP* 值进行控制网精度估算，与传统方法相比，其在精度评估阶段即考虑各个控制点的遮挡情况，确定出相对定位精度因子。

（2）本工作法适用于在高山峡谷地区及城市楼群效应影响区等观测困难地区，估算出与实际卫星接收状况高度吻合的精度指标，根据实际观测条件制订出精度指标更加可靠的观测方案，根据设备情况及人员情况辅助制订出精度指标更优的观测调度计划，并根据制订的观测计划评估出控制网的精度指标。这一成果对于观测困难环境下的 GNSS 观测方案制订和精度评估具有前所未有的优势。

5. GNSS 控制网测前优化无效图形筛选

根据控制网图形设计的一般原则进行控制网测前优化设计的无效图形筛选，剔除无效信息。

针对无效图形的筛选，使控制网网形达成以下两个条件：

（1）GNSS 控制网中不存在自由基线，即不能构成闭合图形的基线。

（2）GNSS 控制网闭合条件中的基线数既不能过多，又要保证各个测站点至少有 3 条基线分支，以保证进行精度检核。

6. GNSS 控制网测前优化设计精度指标和可靠性指标计算

（1）精度指标

精度指标是描述误差分布的密集或离散程度的一种度量指标，常用方差或均方根差来描述。对于一般控制网，均可以用高斯－马尔可夫模型来描述。

$$\left.\begin{aligned} E(L) &= \underset{n\times t}{A}X \\ D(L) &= \sigma_0^2 Q = \sigma_0^2 P^{-1} \end{aligned}\right\} \tag{56}$$

式中，L 是 n 维观测向量，X 为 t 维未知参数向量（通常选择控制网中待定点的高程或坐标作为未知参数），A 为系数矩阵或设计矩阵，$Q^{-1}=P$ 为权阵，σ_0^2 为单位权方差，D（L）和 E（L）分别为 L 的方差和数学期望。

根据最小二乘原理，式的平差结果为

$$\left.\begin{aligned} \hat{X} &= (A^{\mathrm{T}}PA)^{-1}A^{\mathrm{T}}PL \\ D_{XX} &= \sigma_0^2 Q_{XX} = \sigma_0^2 (A^{\mathrm{T}}PA)^{-1} \end{aligned}\right\} \tag{57}$$

未知参数的方差阵 D_{XX} 或协因数阵 Q_{XX} 在控制网精度评定中起着非常重要的作用，所需的各种精度指标都可以由它导出。因此，可以认为 D_{XX} 或 Q_{XX} 包含了控制网的全部精度信息，称它们为控制网的精度矩阵。

显然，用精度矩阵就可以完整地描述控制网的精度情况。但是，就实际应用来说，这样做会带来一些不便。因为很难直接将两个不同的精度矩阵进行比较，判别出哪一个精度高，哪一个精度低。因此，总是抽取精度矩阵的一部分信息，定义一些数值指标，以此来作为比较精度高低的标准。

1）整体精度标准

整体精度标准用于评价网的总体质量。常用的标准有以下五种：

① N 最优。即 D_{XX} 的范数 $\|D_{XX}\|$ 满足：

$$\|D_{XX}\| = \min \tag{58}$$

②A最优

若 $\mathrm{tr}(D_{XX})=\lambda_1+\lambda_2+\cdots+\lambda_r=\min$　（59）

（λ_1是矩阵D_{XX}的特征值）成立，则称为A最优。

③D最优。若：

$\det(D_{XX})=\lambda_1+\lambda_2+\cdots+\lambda_r=\min$　（60）

成立，则称为D最优。

④E最优

$\lambda_{\max}=\min$　（61）

$\lambda_{\max}$是D_{XX}的最大特征值。

⑤S最优

$\lambda_{\max}-\lambda_{\min}=\min$　（62）

$\lambda_{\max}-\lambda_{\min}$表示矩阵$D_{XX}$的频谱间隔。

2）局部精度指标

所谓局部精度指标是指用最关心的一个或者几个指标反映控制网的局部精度特性。控制网常用的局部精度指标有：

①点位误差椭圆。其元素的计算公式为：

$$\left.\begin{aligned}&\lambda_1=\frac{1}{2}(Q_{XX}+Q_{YY}+k)\\&\lambda_2=\frac{1}{2}(Q_{XX}+Q_{YY}-k)\\&k=\sqrt{(Q_{XX}-Q_{YY})^2+4Q_{XY}^2}\\&\tan\varphi_1=\frac{\lambda-Q_{XX}}{Q_{XY}}=\frac{Q_{XY}}{\lambda_1-Q_{YY}}\\&\tan2\varphi_1=\frac{2Q_{XY}}{Q_{XX}-Q_{YY}}\end{aligned}\right\} \quad (63)$$

②相对误差椭圆。其元素计算公式与上式相似，只是要把坐标权系数改为坐标差的权系数。

③未知数某些函数的精度。比如控制网中推算边长、方位角的精度等，设有观测值函数

$$F=f^{\mathrm{T}}X \quad (64)$$

则有：

$$D_F=f^{\mathrm{T}}Q_{XX}f \quad (65)$$

（2）可靠性指标

可靠性指标是以考虑观测值中不仅含有随机误差，还含有粗差为前提，并把粗差归入函数模

型之中来评价控制网的质量。

控制网的可靠性是指控制网能够发现观测值中存在的粗差和抵抗残存粗差对平差结果的影响的能力。

根据可靠性的理论在此仅列出基本公式及定义。

对于间接（参数）平差，有：

$$V = Q_{VV}Pl \tag{66}$$

$$Q_{VV} = P^{-1} - BQ_{XX}B^{\mathrm{T}} \tag{67}$$

式中，V 表示观测值改正数向量；Q_{VV} 是 V 的协因数阵；P 为观测值权阵；l 为误差方程常数向量；Q_{XX} 为未知参数的协因数阵；B 为设计矩阵。定义：

$$r_i = (Q_{VV}P)_i \tag{68}$$

为第 i 个观测值的多余观测分量，且：

$$\sum_{i=1}^{n} r_i = r \text{（}r\text{ 为多余观测数）} \tag{69}$$

1）内部可靠性指标

在显著性水平 α_0 下，以检验功效 β_0 发现粗差的下界为：

$$\nabla l_{oi} = \sigma_{li}\delta_0 / \sqrt{r_i} \tag{70}$$

式中，δ_0 为非中心化参数，$\delta_0 = \delta_0(\alpha_0, \beta_0)$，查表可得，如 $\alpha = 0.05$，$\beta_0 = 0.80$，$\delta_0 = 4.13$，则得

$$\alpha_{li} = \alpha_0 / \sqrt{P_i} \tag{71}$$

2）外部可靠性指标

外部可靠性指标是表示不可发现的粗差对平差结果影响的指标。第 i 个观测值不可发现的粗差对平差未知数的影响为：

$$\overline{\delta_{0i}} = \delta\sqrt{\frac{1-r_i}{r_i}} \tag{72}$$

δ_{0i} 是一个没有量纲的量，与坐标系无关，从平均意义上进行度量。

可知，内、外可靠性主要与多余观测分量有关。多余观测分量越小，∇l_{oi} 越大，表示只能发现大粗差；δ_{0i} 越大，表示粗差对未知数的影响越

大，即内、外可靠性均较差。当然，r_i 接近于 1，则控制网的内、外可靠性都较好。所以，可靠性标准直接与多余观测分量发生联系，若要求可靠性指标在一定范围之内，就相当于对多余观测分量和总的多余观测数量提出制约。

在控制网的优化设计中，如果只用可靠性标准作为目标进行设计，则很难获得合理的观测方案，常导致费用较高、优化解不稳定等问题。因此，通常把可靠性标准作为约束条件处理，这样做比较容易获得合理的观测方案，其结果是对各个多余观测分量提出适当的上、下约束。

7. GNSS 控制网效率指标和费用指标评估方法

布设任何控制网都不可一味地追求高精度和高可靠性而不考虑费用问题，尤其是在讲究经济效益的今天更是如此。控制网的三类优化设计，最终要在费用最少（或不超过某一限度）的情况下，寻找使其他质量指标能满足要求的布网方案，具体地说就是采用如下的某一原则进行优化控制：

（1）最大原则。在费用一定的条件下，使控制网的精度和可靠性最大或者在能满足一定的限制下使精度最高。

（2）最小原则。在控制网的精度和可靠性达到一定指标的前提下，使费用支出最小。

一般来说，布网费用可表达为：

$$C_{总}=C_{设计}+C_{造埋}+C_{观测}+C_{计算}+C_{分析} \quad (73)$$

式中，C 表示经费，其下标表示经费使用的项目。优化设计中，主要考虑的是观测费用 $C_{观测}$。由于各种不同观测量采用不同的仪器，其计算方法均不一样，很难用一个完整的公式表达出来，只能视具体情况采用不同的计算公式。

第三讲

高山峡谷复杂环境优化设计应用案例

一、项目概况

新疆某大型抽水蓄能电站枢纽建筑物主要由上水库混凝土面板堆石坝，库盆防渗结构，下水库混凝土面板堆石坝，库尾拦沙坝，下水库泄洪排沙洞及放空洞，补水系统，上、下水库电站进/出水口，输水隧洞，地下厂房和地面开关站，上、下水库沟谷泥石流拦挡设施等建筑物组成。

由于该电站最典型的特征是位于高山峡谷，山体遮挡较严重，为了保证整体施工与控制网精度，本基准网拟采用 GNSS 与边角混合网进行测量（见图 8、图 9）。在满足工程需求的前提下，重点对数据采集环境进行选择，尽量对影响观测数据质量的各种因素加以减弱或消除。方案策划中应充分顾及现场测量环境的影响，在高山峡谷地区及城市楼群环境下的测量工作，可参照 GNSS 测量控制网测前规划的思路进行测前规划，以进行控制网的网形构建。

图 8　平面控制网点勘选现场图

图 9　上水库区域边角检核网网形示意图

二、基准优化设计

1. 位置基准

本工程选取位于上下水库中间的 SK13 作为施工控制网的起算点，起算数据为挂靠于 1954 年北京坐标系的坐标，与前期规划系统一致。

2. 尺度基准

以区域精密测距边长与 GNSS 观测值共同作为尺度基准，精密测距边长采用 TM30 高精度全站仪施测，尺度基准的求算方法参照 GNSS 尺度比关系的一致性归算方法，推荐采用加权尺度比求算方法。

3. 方位基准

以 SK13 为平面基准位置，以 SK13 至 SK19 作为方位基准。

三、网形结构优化

1. 基准控制网网形结构

图形结构优化设计的目的实际上是使未知参

数的协因数阵达到一定的设计要求，也就是网点精度达到一定的设计要求。根据有关优化设计理论，网点精度主要和点与点之间的基线数目及基线的权有关。由此，GNSS 控制网网形结构强度的设计，就是对独立基线观测量的选用和相互连接方式的设计，实际上就是运用控制网的三级优化设计。

虽然，当前卫星导航定位数据处理软件越来越自动化，其模型越来越严密，但是一个合格的控制网，其观测数据的质量是第一位的，任何数据处理技术只能是对观测数据的一种整饰和补充，不可能替代原始数据。因此，建网时应该注意对数据采集环境的选择，对影响观测数据质量的各种因素加以减弱或消除。

因此，根据该抽水蓄能电站特点，受基准网高精度要求及观测条件恶劣（山体遮挡严重）这两个矛盾条件的限制，依据 GNSS 测量相关内容，解析各个基线的共用卫星天空图，卫星可见数、可见性，及观测时段的 *PDOP* 值情况，通过实验指标进行观测方案的制订，确定详细的观测计划，抑制不利条件的影响。

根据电站实际情况，结合已有资料（1∶1000 地形图）并在现场踏勘的基础上，初步选择 22 个平面测量控制点及 12 个水准点。所有选点周边 30m 均无成片树木遮挡、无明显电磁干扰、净空条件好。其空间位置如图 10 所示。

此次，共选择了 SK09、SK10、SK11、SK12、SK13、SK14 六点进行评估，高度角基于 1∶1000 地形图采用 VBA 编程进行采集。

（1）信号遮挡高度角工程项目数据采集

基于开发的卫星高度遮挡角量测程序（见图 11）进行卫星遮挡高度角的量测，分别用 500m、1000m、1200m 及 2000m 长度断面进行 360° 量测分析，具体方法参照第二讲高度角确定流程。

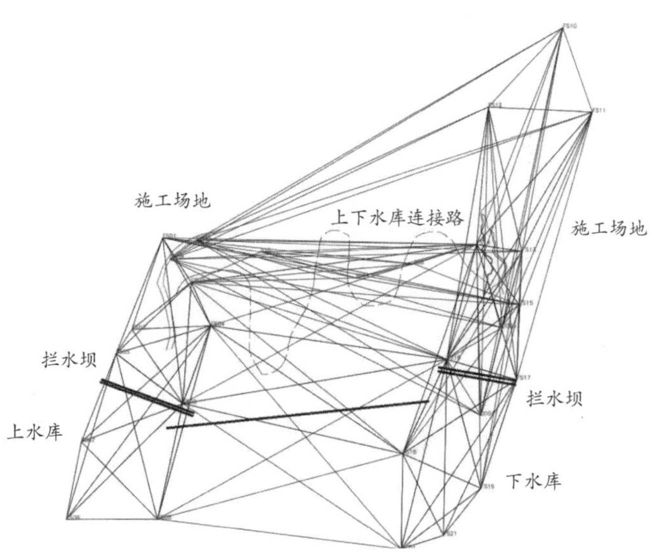

图 10　抽蓄控制网网形空间位置

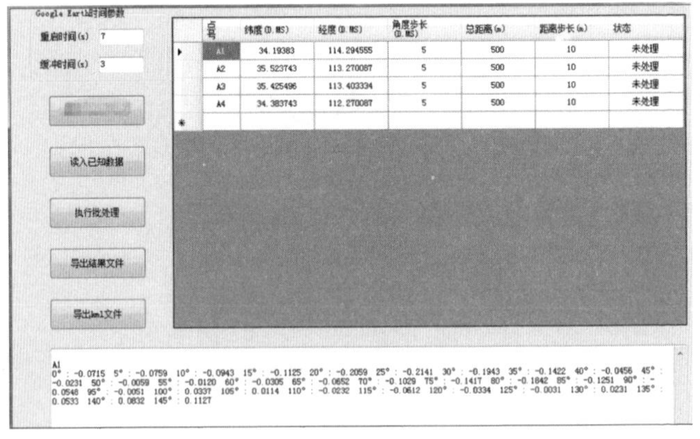

图 11　基于 DEM 模型的高度角量测

另外，开发了基于 Global Mapper 及 Google Earth 的量测程序。

量测出的遮挡角文件格式见表 2。

表 2　遮挡角文件格式

控制点总数

NUM=6

详细信息　点名

方位角（°）高度角（°）

> SK11	> SK10	> SK09	> SK12	> SK13	> SK14
0　38.4	0　1.9	0　18.1	0　3.6	0　2.6	0　6.0
5　38.3	5　3.8	5　21.1	5　5.3	5　5.2	5　8.3
10　37.8	10　35.5	10　27.4	10　8.0	10　8.0	10　10.2
15　41.5	15　37.5	15　29.0	15　14.4	15　7.3	15　12.9
20　41.4	20　43.1	20　32.7	20　18.7	20　28.7	20　16.3
25　40.4	25　47.6	25　34.9	25　21.1	25　36.2	25　24.1
30　38.5	30　50.8	30　36.3	30　22.0	30　41.6	30　31.1
35　36.4	35　52.5	35　37.6	35　21.0	35　46.9	35　34.1
40　35.6	40　53.4	40　42.1	40　20.7	40　50.9	40　35.8

45 36.8 45 54.2 45 43.5 45 17.6 45 53.8 45 36.9

50 36.4 50 54.3 50 43.9 50 20.6 50 56.2 50 37.1

55 35.8 55 54.2 55 43.8 55 24.9 55 58.1 55 36.9

… … … …

295 24.7 295 23.6 295 26.6 295 24.3 295 17.2 295 18.1

300 23.5 300 23.3 300 24.6 300 23.8 300 19.0 300 17.0

305 21.2 305 21.6 305 21.5 305 23.0 305 18.6 305 15.5

310 17.6 310 18.4 310 17.6 310 22.1 310 18.7 310 15.4

315 16.7 315 15.6 315 15.6 315 21.0 315 18.9 315 17.2

320 21.6 320 13.2 320 12.6 320 17.8 320 16.9 320 15.9

325 25.1 325 7.3 325 11.4 325 18.2 325 14.0 325 14.9

330 28.3 330 5.1 330 7.6 330 17.3 330 12.5 330 14.2

335 31.2 335 8.0 335 3.9 335 18.5 335 14.2 335 13.4

340 33.0 340 12.8 340 7.4 340 18.0 340 12.5 340 13.3

345 35.4 345 16.7 345 11.0 345 15.6 345 11.6 345 13.8

350 36.8 350 17.5 350 14.2 350 13.6 350 8.6 350 12.9

355 37.8 355 27.3 355 15.8 355 10.4 355 5.7 355 8.1

（2）顾及边界约束条件的 GNSS 控制网 *DOP* 值估算

DOP 值估算方法请参照第二讲相关内容，这里主要讲基于该思路开发的软件所进行的项目评估情况。

首先，下载作业日期前后的历书文件，并将其导入系统。

其次，导入空间坐标文件和卫星高度遮挡角文件，文件格式参见表 2，坐标和基线文件格式如图 12 所示。

最后，选择预报计算及计算基线 *RDOP* 值信息，生成如图 13、图 14 所示信息。

2. 基准控制网坐标提取

依据现有 1:1000 地形图并结合现场踏勘，将预选点位在 1:1000 地形图上标注。室内按所选点位平面位置及高程提取，其平面位置及高程精度均≤ 3m。选取成果见表 3。

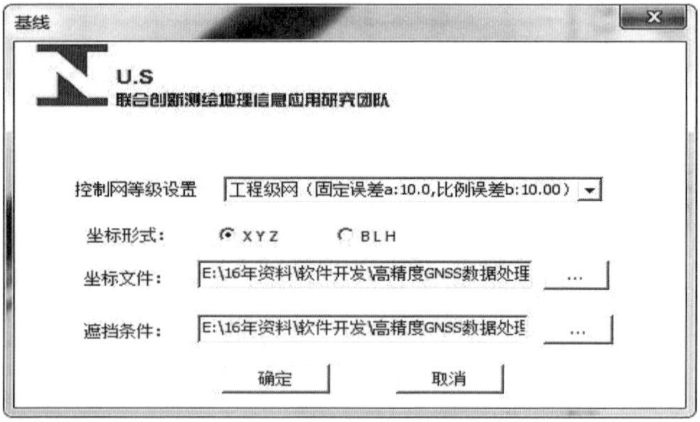

图 12　坐标和基线文件输入

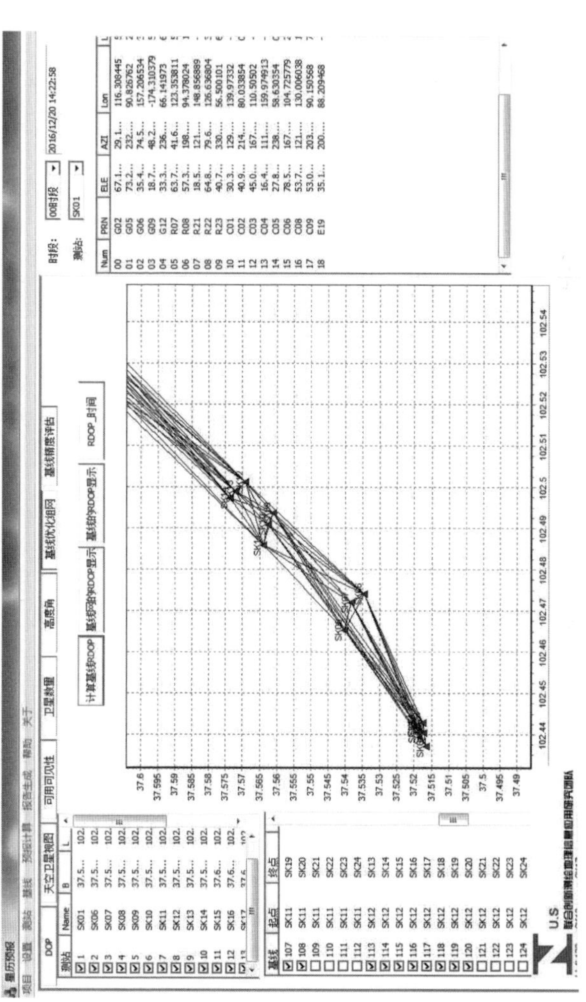

图 13　基于遮挡约束条件的星历预报总览

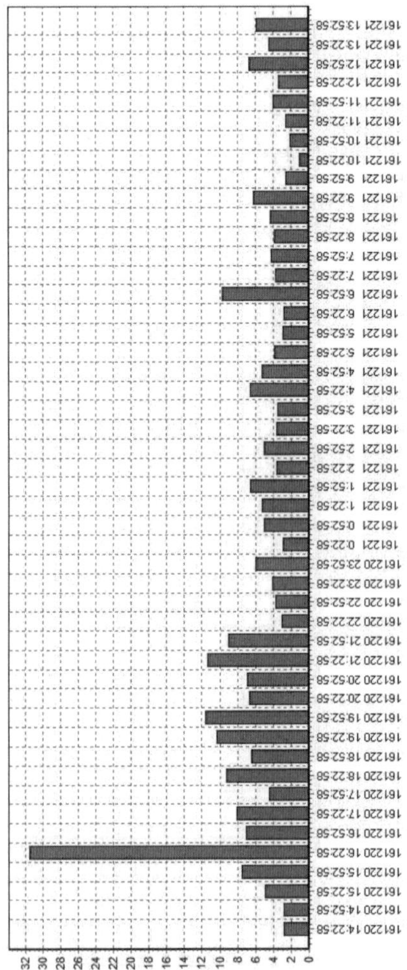

图 14　24h 总的 *RDOP* 值信息

表 3　预选控制点平面坐标及高程

单位：m

点名	*x*	*y*	*h*
SK01	***9932	613899	2182
SK02	***9941	614236	2201
SK03	***955	613972	2225
SK04	***9685	614245	2242
SK05	***9342	613685	2361
SK06	***8980	614086	2365
SK07	***9005	613470	2382
SK08	***8482	613438	2520
SK09	***9084	614522	2442
…	…	…	…

将所选点位平面坐标依托参考椭球为基准，转换为空间直角坐标，其转换成果见表 4。

表 4　预选点位空间直角坐标

单位：m

点名	*X*	*Y*	*Z*
SK01	***922.7	4598676.7	4406102.9
SK02	***587.1	4598697.5	4406112.4
SK03	***864.7	4598969.2	4405862.2
SK04	***582.6	4598905.2	4405962.0

续表

点名	X	Y	Z
SK05	***162.6	4599206.2	4405805.0
SK06	***775.3	4599476.1	4405542.0
SK07	***390.1	4599446.5	4405579.5
SK08	***442.8	4599907.3	4405292.9
SK09	***336.6	4599476.6	4405664.8
…	…	…	…

3. GNSS 观测数据及协方差组织

本次控制网精度估算采用 6 台仪器，使用 8 个时段完成。各时段参与点位见表 5。

表 5　基准控制网估算时段设置

第 1 时段	第 2 时段	第 3 时段	第 4 时段	第 5 时段	第 6 时段	第 7 时段	第 8 时段
SK01	SK05	SK04	SK17	SK12	SK11	SK01	SK02
SK02	SK06	SK08	SK18	SK14	SK12	SK02	SK06
SK03	SK07	SK09	SK19	SK15	SK13	SK04	SK08
SK04	SK08	SK10	SK20	SK16	SK14	SK11	SK11
SK05	SK09	SK21	SK21	SK17	SK15	SK12	SK17
SK06	SK10	SK17	SK22	SK18	SK16	SK15	SK19

在已知各预选点点位空间直角坐标条件下，依据各时段组网基线对观测点进行互差处理，即

可得到各点位的空间分量。

使用 GNSS 控制网设计模块，可实现上述理论过程，并对预选控制点进行平差及精度估算。估算过程中，基线固定误差为 3mm，比例误差为 1mm，基线水平方位误差为 1″，同时在确权中要考虑到所估计出的相对定位精度因子 *RDOP*。

控制网最长边长为 SK08 至 SK11，长度为 3002.165m；最短边长为 SK09 至 SK10，长度为 149.119m；平均边长为 1035.328m。控制网实施过程中采用边连式推进方式，共形成了 120 条基线。其中 3 边同步环 160 个，重复基线 22 条，3 边异步环 76 条。必要基线 11 条，独立基线 40 条，多余观测基线 109 条，整网可靠性比为 2.7，重复设站率为 2.18。

4. 基准控制网估算成果

执行 *RDOP* 值估算，通过选择点位和进行基线删减，实现控制网的自由组合，并进行 *RDOP*

值的估算。接收机作业点位优选示例如图 15 和图 16 所示。

据此所计算的结果，如图 17 所示。

在不良观测条件下点位的精度评估及辅助规划，如图 18 和图 19 所示。

进行选择观测时段结果输出。

以下是生成该项目某一个观测时段的评估报告文件：

```
#NETFILE
1
6
SK09 SK10 SK11 SK12 SK13 SK14 24
SK09  10.2275564  1.5673427  1.5673427  3.5461800  5.5650405
SK10  8.3286355  1.8311120  1.8311120  3.9139413  6.3782118
SK11  5.2966181  1.2085047  1.2085047  2.7130355  3.8973814
SK12  12.7404328  2.9367757  2.9367757  6.7927695  9.7614005
```

SK13 9.4587008 2.2196046 2.2196046 4.2198186 10.3094878

SK14 4.1179471 1.0384912 1.0384912 1.9925191 2.8840041

15

SK09 SK10 10.3228310 1.6***783 6.0132463 3.4765287

SK09 SK12 18.4908590 3.4902970 15.1968633 9.0196834

SK09 SK13 8.7279738 2.0580698 10.2234241 4.0302769

SK10 SK12 20.5382405 3.7679782 16.5734760 10.2702835

SK10 SK13 8.2931456 1.9161685 6.8507874 3.8480865

SK12 SK13 20.8646292 4.0242050 110.3561333 9.9245833

SK10 SK13 8.2931456 1.9161685 6.8507874 3.8480865

SK11 SK12 110.2774997 3.1915769 13.4938848 9.2822324

SK11 SK13 8.4699566 1.9300932 7.0334398 3.8461815

SK12 SK13 20.8646292 4.0242050 110.3561333 9.9245833

SK11 SK13 8.4699566 1.9300932 7.0334398 3.8461815

SK11 SK14 5.5089106 1.1181058 4.5087974 2.6745186

SK12 SK13 20.8646292 4.0242050 110.3561333 9.9245833

SK12 SK14 110.1184528 3.1574218 14.0536051 8.3891672

SK13 SK14 8.4422664 1.9487920 7.0369332 3.8320798

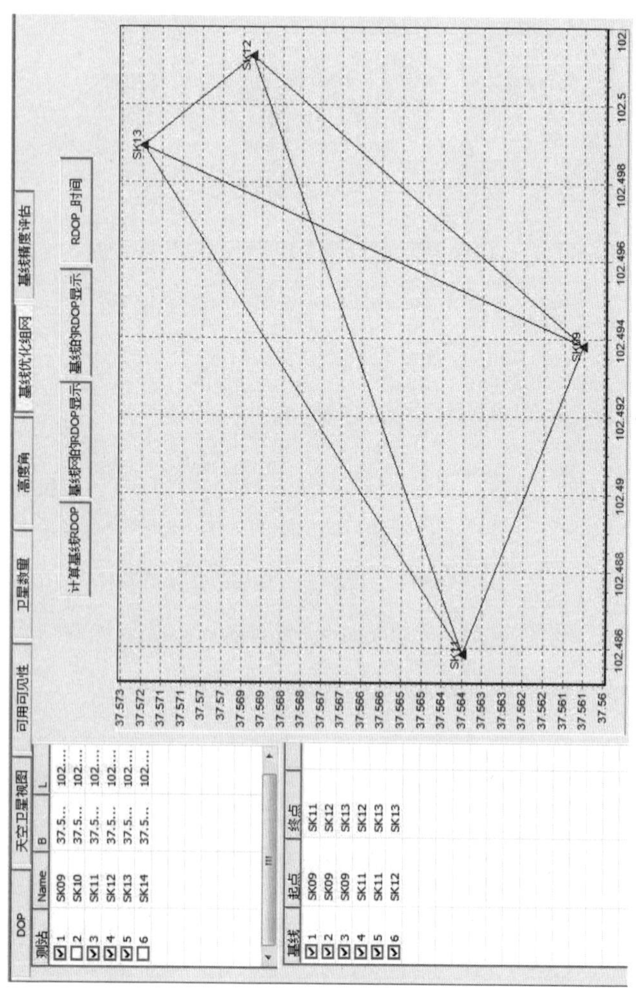

图15　4台接收机作业点位优选

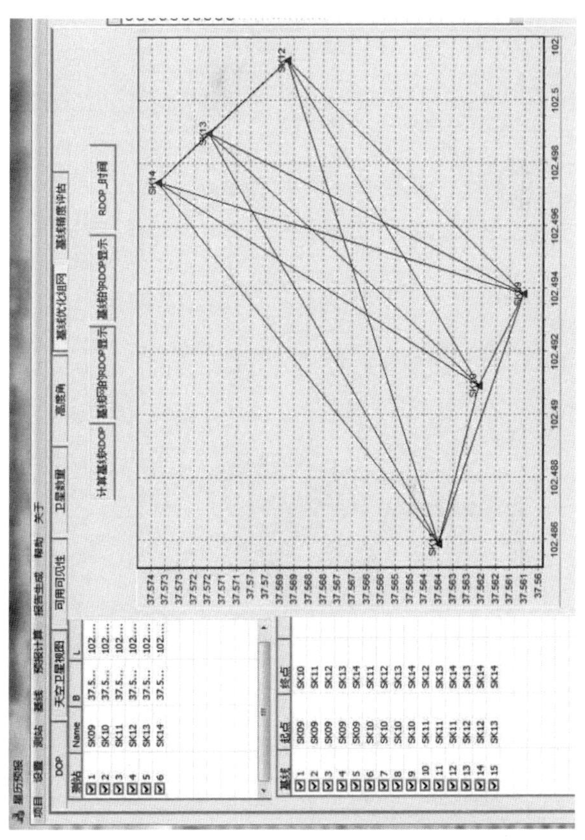

图 16　6 台接收机作业点位优选

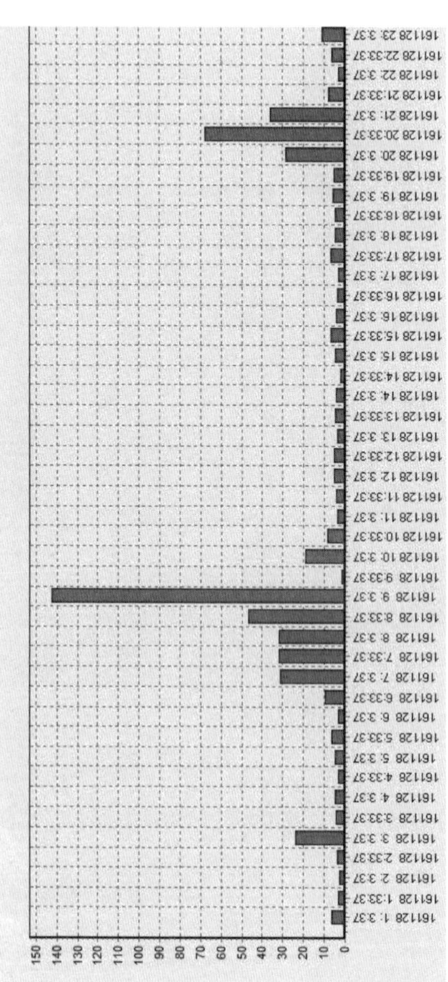

图 17　基线的平均 *RDOP* 值计算结果

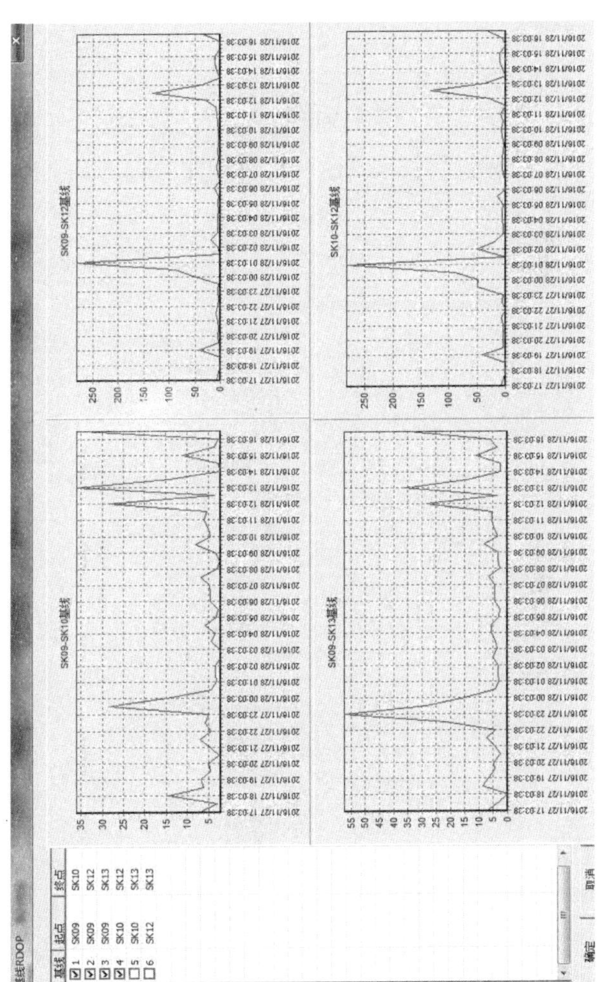

图 18　预选网形基线精度预报

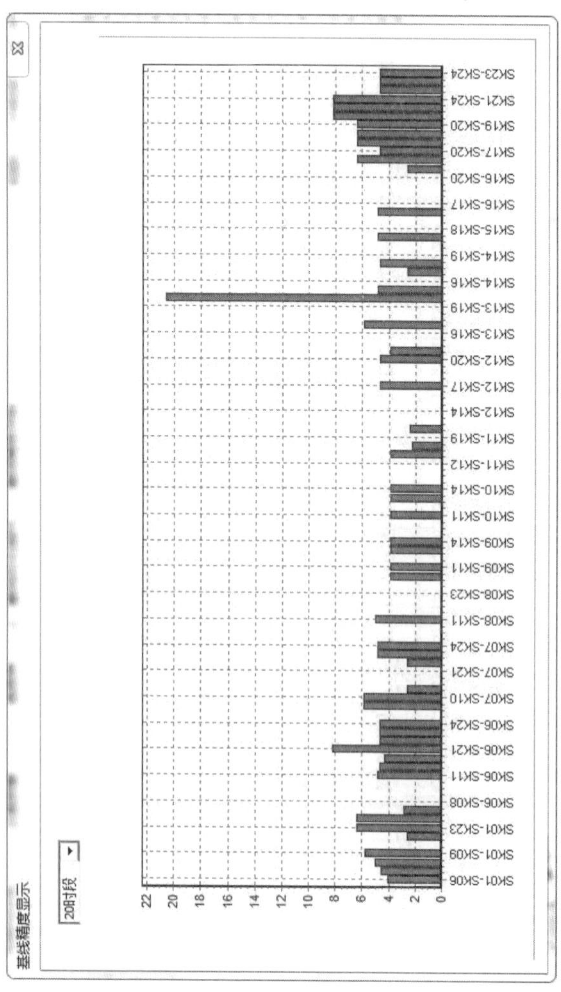

图19 选定时段各条基线 *RDOP* 值信息

将该数据、编辑好的空间直角坐标及费用等参数代入控制网优化设计软件，便可以进行控制网精度、可靠性及经济性等指标的评估。

三维坐标起算点选用 SK13 点，进行单点约束。采用模拟基线方法进行评估，顾及共用基线及观测条件问题。平面坐标精度估算见表 6。

表 6　平面坐标精度估算

点名	M_x / cm	M_y / cm	M_p / cm	点名	M_x / cm	M_y / cm	M_p / cm
SK01	0.37	0.37	0.56	SK16	0.62	0.62	0.87
SK06	0.31	0.31	0.43	SK17	0.62	0.62	0.87
SK07	0.31	0.31	0.43	SK18	0.62	0.62	0.87
SK08	0.31	0.31	0.43	SK19	0.62	0.62	0.87
SK09	0.19	0.19	0.25	SK20	0.62	0.62	0.87
SK10	0.19	0.19	0.25	SK21	0.37	0.37	0.56
SK11	0.19	0.19	0.25	SK22	0.37	0.37	0.50
SK12	0.12	0.12	0.19	SK23	0.37	0.37	0.50
SK14	0.12	0.12	0.19	SK24	0.37	0.37	0.50
SK15	0.62	0.62	0.87				

二维平面坐标起算点选用 SK13 点，采用一点一方位进行精度估算，方位选择 SK13 →

SK19 点。

经模拟估算，由踏勘所选点组成的基准控制网满足二等控制网要求，可以继续推进后续工作。

该抽水蓄能电站下水库枢纽区至施工场地及业主营地段为较为陡峭的 U 形峡谷，地形相对高差较大，水工建筑物密集，采用常规边角网的方案受峡谷地形限制，点位布设位置高而多，施测难度大且周期长，精度难以保证；上下水库之间落差约 500m，山势陡峭，林木密集。因此，根据实地考察，深入讨论、比较分析，拟订出如下施测方案：

拟订该测量基准控制网的平面部分采用 GNSS 静态方式测量完成，高程部分采用二等水准和三等三角高程相结合的方式进行施测。

高程分三部分进行施测：一是布设首级高程控制网，采用二等几何水准完成，水准线路从下水库坝址至施工场地、业主营地，连接上水库控制点；二是布设连接下水库及上水库部分控制点的水准支线；三是三角高程加密控制，由于本次部分点位布设位置高、交通不便，不利于水准联测，对上水库、上下水库连接路区域和下水库不便联测水准的点位采用三等三角高程进行施测（见图 20、图 21）。

图 20　GNSS 观测现场图

图 21　边角检核网观测现场图

后　记

什么是工匠精神？习近平总书记曾给出16字的概括，那就是“执着专注、精益求精、一丝不苟、追求卓越”的精神。“大力弘扬工匠精神，培养更多高技能人才和大国工匠”是国家富强、民族振兴的重要保障。

我和团队长期工作在青藏高原工程建设一线，从事水电工程及新能源工程野外测绘工作。先后主持或作为技术负责人完成黄河拉西瓦水电站、陕西镇安抽水蓄能电站及酒泉千万千瓦级风电基地等数十项国家重大工程测绘项目，先后攻克了高山峡谷环境精密工程测量精度控制等多项困扰国家重大工程建设测量的技术难题。

我们秉持着认真负责的态度，从最初的“小发明”“小创新”帮助团队解决科研难题，到逐渐钻研并建立业内最系统、最优化投影参数确定方法，针对精密工程测量与地质灾害监测面临的迫切需求，重点对高山峡谷及重植被覆盖区等复杂环境下工程测量面临的技术瓶颈，形成了关键技术体系。

本书仅仅是我们在工作过程中的一小部分工作经验总结。未来，本人将积极践行“敢于担当、勇于超越”的企业精神，与团队一起，无愧时代，踔厉奋发，继续为测绘事业和国家经济社会发展贡献自己的智慧和力量。

参与本书编写工作的还有来自中电建西北院的赵文君、刘明波、尚海兴、王有林、柯生学、缪志选、徐甫及陈思媛。此外，孙艳平和王丹迪也对本书的出版提供了宝贵的支持，特此表达我们的诚挚感谢。

李祖锋

2024 年 6 月

图书在版编目（CIP）数据

李祖锋工作法：抽水蓄能电站控制测量方案优化 / 李祖锋著. -- 北京：中国工人出版社, 2024. 6.
ISBN 978-7-5008-8468-2

Ⅰ. TV743

中国国家版本馆CIP数据核字第2024L8W312号

李祖锋工作法：抽水蓄能电站控制测量方案优化

出 版 人　董　宽
责任编辑　刘广涛
责任校对　张　彦
责任印制　栾征宇
出版发行　中国工人出版社
地　　址　北京市东城区鼓楼外大街45号　邮编：100120
网　　址　http://www.wp-china.com
电　　话　（010）62005043（总编室）
　　　　　（010）62005039（印制管理中心）
　　　　　（010）62379038（职工教育编辑室）
发行热线　（010）82029051　62383056
经　　销　各地书店
印　　刷　北京市密东印刷有限公司
开　　本　787毫米×1092毫米　1/32
印　　张　3.875
字　　数　47千字
版　　次　2024年8月第1版　2024年8月第1次印刷
定　　价　28.00元

优秀技术工人百工百法丛书

第一辑　机械冶金建材卷

优秀技术工人百工百法丛书

第二辑　海员建设卷